U0176444

科学认识转基因

农业农村部科技发展中心
中国农村杂志社 编

中国农业出版社
北 京

图书在版编目（CIP）数据

科学认识转基因 / 农业农村部科技发展中心，中国农村杂志社编. —北京：中国农业出版社，2022.9
ISBN 978-7-109-30064-4

Ⅰ.①科… Ⅱ.①农… ②中… Ⅲ.①转基因技术—普及读物 Ⅳ.①Q785-49

中国版本图书馆CIP数据核字（2022）第197674号

中国农业出版社出版
地址：北京市朝阳区麦子店街18号楼
邮编：100125
责任编辑：程 燕
美术编辑：李文英 责任校对：吴丽婷
印刷：北京通州皇家印刷厂
版次：2022年9月第1版
印次：2022年9月北京第1次印刷
发行：新华书店北京发行所
开本：850mm×1168mm 1/32
印张：1.5
字数：30千字
定价：18.00元

编 委 会

前　言

　　转基因技术是一项能够造福人类的现代农业生物技术，已在全世界范围内被广泛应用于医药、农业、工业、环保和能源等领域。截至目前，全球批准商业化应用转基因作物的国家达71个。

　　党中央、国务院高度重视转基因技术的发展及应用。习近平总书记在2013年中央农村工作会议上强调，"转基因是一项新技术，也是一个新产业，具有广阔的发展前景，要大胆创新研究，占领转基因技术制高点。"2020年，习近平总书记在中央经济工作会议上提出，"要尊重科学、严格监管，有序推进生物育种产业化应用。"2022年3月6日，习近平总书记在看望参加全国政协十三届五次会议的农业界、社会福利和社会保障界委员并参加联组会时强调，要加快生物育种产业化步伐。

　　我国坚持把发展转基因技术作为增强产业核心竞争力、把握产业发展主动权的国家重大科技战略，组织实施了"863"计划、"973"计划和国家转基因生物新品种培育科技重大专项等，已成功克隆了一批关键功能基因、突破了一批核心共性技术、培育出一批重大标志性产品，一批具有自主知识产权的转基因大豆、转基因玉米新品种面世。我国已完全具备转基因产业化应用的条件。

　　当前，社会公众对转基因技术和产品，还存在这样或那样的疑虑，互联网上还传播着一些有关转基因的谣言。为充分发挥广大领导干部在

转基因科普宣传中的重要作用，我们编写了这本《科学认识转基因》科普手册。手册从科普释疑的角度，对有关转基因的一些基本常识、应用情况、政策法规及社会公众关注的热点问题进行了通俗易懂的解读。希望这本手册，能够帮助广大领导干部科学认识转基因，加强转基因科普宣传，为我国转基因技术的发展与应用营造良好的舆论氛围。

编　　者

2022年8月

加快推进生物育种研发应用[*]

——习近平《论"三农"工作》相关论述摘编

转基因是一项新技术，也是一个新产业，具有广阔发展前景。作为一个新生事物，社会对转基因技术有争论、有疑虑，这是正常的。对这个问题，我强调两点：一是要确保安全，二是要自主创新。也就是说，在研究上要大胆，在推广上要慎重。转基因农作物产业化、商业化推广，要严格按照国家制定的技术规程规范进行，稳扎稳打，确保不出闪失，涉及安全的因素都要考虑到。要大胆研究创新，占领转基因技术制高点，不能把转基因农产品市场都让外国大公司占领了。

——摘自《在中央农村工作会议上的讲话》（2013年12月23日）

要把种源安全提升到关系国家安全的战略高度，加强种质资源保护和利用，加强种子库建设。要尊重科学、严格监管，有序推进生物育种产业化应用。

——摘自《保障粮食安全，要害是种子和耕地》（2020年12月16日）

要拿出攻破"卡脖子"技术的干劲，明确方向和目标，加快实施农业生物育种重大科技项目，早日实现重要农产品的种源自主可控。有关部门要在严格监管、风险可控前提下，加快推进生物育种研发应用。

——摘自《在中央农村工作会议上的讲话》（2020年12月28日）

---

* 本节内容均摘编自中央文献出版社 2022 年 6 月出版的《论"三农"工作》一书，题目为编者所加。

种源安全关系到国家安全，必须下决心把我国种业搞上去，实现种业科技自立自强、种源自主可控。要发挥我国制度优势，科学调配优势资源，推进种业领域国家重大创新平台建设，加强基础性前沿性研究，加强种质资源收集、保护和开发利用，加快生物育种产业化步伐。

——摘自《粮食安全是"国之大者"》（2022 年 3 月 6 日）

目 录

第四部分　事实真相

第一部分　转基因是怎样的技术

1 什么是基因？基因有什么特性？

答　"基因"为英语"gene"的音译，是DNA（脱氧核糖核酸）分子中含有特定遗传信息的一段核苷酸序列的总称。基因是控制生物性状的基本遗传单位，记录和传递着遗传信息，因此基因具有物质性和信息性的双重属性。有人形容基因就像是生物体的代码，有了这组漂亮的代码，生物体这个复杂的程序才能运行。

基因的发现历经一百多年。1856年奥地利科学家孟德尔发现了控制豌豆颜色和种子圆皱的遗传因子，揭示了生物性状是由遗传因子控制的规律。20世纪初，丹麦遗传学家约翰逊根据孟德尔遗传定律，在《遗传学原理》一书中正式提出"基因"概念。1910年美国科学家摩尔根通过果蝇杂交实验，不仅验证了孟德尔的遗传分离和自由组合定律，还证明基因存在于染色体上，建立了基因学说。20世纪40年代，美国细菌学家艾弗里等发现，从致病力强的S型肺炎链球菌中提取的DNA能使致病力弱的R型转化成S型，首次在分子水平上证明DNA是遗传转化因子。1953年美国科学家沃森和英国科学家克里克提出DNA双螺旋结构假设，用铁皮和铁丝搭建了第一个DNA双螺旋结构的分子模型，阐明了DNA的半保留复制机制，进一步揭示了基因的化学和生物学本质。

基因有两个特点：一是能忠实地复制自己，以保持生物性状

的相对稳定遗传，俗话说"种瓜得瓜、种豆得豆"就是对这种现象的高度概括；二是在一定条件下有可能发生随机突变，并遗传给后代产生新的性状，"一母生九子，九子各不同"说的就是这个道理。基因突变既是物种进化的内生动力，也为作物育种提供了新的路径，比如常用到的作物诱变育种，就是在人为的条件下，利用物理、化学等因素诱发基因产生突变，再从中选择人类想要的性状，培育出作物新品种。

2 什么是转基因技术？什么是转基因生物？

答 通常所说的转基因技术是指人为将一种生物的一个或几个已知功能基因转移到另一种生物体内"安家落户"，使该生物获得新功能的一种技术。1973年基因克隆技术诞生，1982年科学家利用转基因技术构建了世界上第一个重组大肠杆菌，用于生产胰岛素，同年诞生了全球首例转基因烟草。自1996年起，转基因作物开始大规模商业化种植。

转基因生物是指利用基因工程技术改变基因组构成，用于生产或者产品加工的动植物、微生物及其产品。主要包括三类：第一类是转基因动植物（种子、畜禽、水产苗种）、微生物及其产品，第二类是转基因产品的直接加工品，第三类是含有转基因的动植物、微生物或者其产品成分的种子、种畜禽、水产苗种、农药、兽药、肥料和添加剂等产品。

转基因生物又称为"基因修饰生物"，英文是Genetically Modified Organism，通常用英文缩写GMO来表示。在国外，转基因生物还被称为基因工程生物（Bioengineering，BE）、现代生物技术生物、遗传改良生物体、遗传工程生物体、具有新性状的生物体、改性活生物体（Living Modified Organism，LMO）等，但在我国用的都是"转基因生物"，以上国外术语和我国的转基因生物是同一概念。

3 基因是怎么转入生物体的？自然界中存在基因转移现象吗？

答　基因转入生物体是一个复杂的过程。以转基因植物为例，人们通过分子生物学技术手段克隆得到我们认为有价值的基因，并将其构建到一种称之为转化载体的工具上，然后通过植物转基因方法

（包括农杆菌介导转化法、基因枪法等）转入到我们想改变的作物的染色体上。然后通过筛选和遗传稳定性测试，来鉴定这个基因是否成功转入并可以稳定遗传。再通过对该作物性状的考察和安全性测试，决定这个转基因作物是否具有商业生产价值。每个环节都需要在各种严格的实验条件下操作才能成功实现。

基因转移现象在自然界中广泛存在，例如玉米的异花授粉属于种内基因转移，农杆菌侵染植物产生根瘤属于种间基因转移。农杆菌是普遍存在于土壤中的一种革兰氏阴性细菌，它在自然条件下就能感染大多数双子叶植物的受伤部位，并诱导植物产生冠瘿瘤或发状根。这是由于农杆菌的细胞中有一段T-DNA，通过侵染植物伤口进入细胞后，可将T-DNA插入到植物基因中。自然界中农杆菌对植物侵染作用的发现，是植物转基因技术快速发展的基础。

4 转基因技术目前主要应用于哪些领域？

答 目前，转基因技术广泛应用于医药、农业、工业、环保、能源等领域。

转基因技术首先在医药领域得到广泛应用。1982年，美国食品药品管理局（FDA）批准全球首例利用转基因微生物生产的人胰岛素商业化生产。此后，利用转基因技术生产的药物层出不穷，如乙肝疫苗、丙肝疫苗、干扰素、人生长激素、新冠疫苗等。

其次转基因技术广泛应用的领域是农业，包括转基因动物、植物及微生物的培育，其中转基因农作物发展最快，具有抗虫、抗病、耐除草剂等性状的转基因作物得到大面积推广，全球转基因作物种植面积从1996年的170万公顷增至2019年的1.9亿公顷。随着品质改良、养分高效利用、抗旱耐盐碱的转基因作物纷纷面世，转基因技术在促进农业可持续发展方面发挥了重要作用。

转基因技术在工业中也应用广泛，如利用转基因工程菌生产食品用酶制剂、添加剂和洗涤酶制剂，将转基因技术及转基因产品用于乳制品发酵、酿酒工业生产等。此外，转基因技术还广泛应用于环境保护和能源领域，如污染物的生物降解以及利用转基因生物生产燃料酒精等。

5 转基因育种技术与传统育种技术有什么区别和联系？

答 转基因育种技术与传统育种技术在本质上一脉相承，两者的本质都是通过改变基因及其组成获得优良性状。伴随着千百年来自然物种的进化与人类科技的进步，世界农业育种经历了原始驯化选育（育种1.0版）、杂交育种（育种2.0版）、分子育种（育种3.0版）、智能设计育种（育种4.0版）四个阶段。原始驯化育种大约始于1万年前的新石器时代，由于缺乏育种理论与方法，人类根据经验积累和肉眼观察，选择基因自然变异的农业生物，经长期人工驯化获得性状改良的品种。20世纪以来，遗传理论的突破实现了基因资源的种内转移，以矮秆、杂种优势利用为代表的杂交育种技术掀起了一场"绿色革命"，粮食产量大幅度提高，美国的杂交玉米、墨西哥的矮秆小麦、我国的杂交稻和远缘杂交小麦都取得了划时代的成就。从20世纪中后期到21世纪，生命科学与生物技术兴起，极大地推动了育种技术的飞跃发展。以转基因育种为代表的分子育

种，以分子生物学理论为基础，以重组DNA技术为核心，将高产、抗逆、抗病虫、提高营养品质等功能基因转入受体生物中，从而获得稳定的新性状，并培育新品种。目前，随着基因组学、合成生物学以及计算生物学等前沿科学交叉融合发展，现代生物育种技术正从分子育种3.0版跨入智能设计育种4.0版的时代。

转基因育种技术与传统育种技术也有区别。传统育种一般只能在个体生物物种内实现基因转移，操作对象是整个基因组，不能准确地对某个基因进行选择，选育周期长、工作量大、杂交后代的表型不可预测。转基因育种的优势在于可以打破物种界限，拓宽遗传资源的利用范围，实现已知功能基因的定向高效转移，使生物获得人类需要的特定性状，为高产、优质、抗逆农业生物新品种培育提供了新的技术途径。这种基于对基因进行精确定向操作的育种方法，效率更高、针对性更强。例如，转基因抗虫棉就是将苏云金芽孢杆菌（简称"Bt"）中的杀虫蛋白基因转移到棉花中，使棉花获得抗棉铃虫特性，减少农药使用，实现稳产增产、提质增效；耐草甘膦大豆就是将自然界中分离的耐草甘膦的基因转入大豆，从而在使用灭生性除草剂草甘膦除草时，就能做到只除草而不危及大豆生长，既增加了种植密度、有效去除杂草，又能降低劳动强度和除草成本，从而提高大豆种植效益。

6 现在种植的农作物都是天然产生的吗？

答 现在种植的农作物大多不是天然产生的，主要农作物品种几乎都是由野生植物经栽培、驯化而来的，大约是从中石器时代晚期或新石器时代早期开始，人类开始驯化植物的历史距今约有一万年。在我国南方，水稻是最早被驯化的，在浙江余姚河姆渡遗址发现距今近 7 000 年的稻作遗存。汉朝的《氾胜之书》和北魏的《齐民要术》均对利用单株选择和混合选择进行留种、选种有过详细的记载。我国种植大豆已有 5 000 年历史，文字记载最早见于《诗经》"七月烹葵及菽"。人们在长期的生产活动中将野生大豆驯化为栽培大豆，通过自然选择和人工选择，野生大豆进化过程表现为豆荚和籽粒变大，由易裂荚变为不裂荚，植株变矮、茎增粗，由蔓生向直立方向发展，产量更高、更适于栽培管理，以满足农业生产和消费者的需要。

现在种植的水稻、小麦和玉米都是经过长期选育得到的品种，其野生种往往不能满足农业生产和消费者的需要，因为野生种落粒性强、产量低等，但野生品种所蕴含的许多优异基因，是育种所需的宝贵材料，对保障粮食安全、维护人类生存发展具有重大意义。

第二部分　国内外转基因产业发展

7　国际转基因产业应用现状如何？

> **答**　转基因育种是生物育种的重要方面，也是迄今为止全球发展速度最快、应用范围最广、产业影响最大的现代生物育种技术。根据国际农业生物技术应用服务组织发布的《2019年全球生物技术/转基因作物商业化发展态势》，从作物种类来看，商业化种植的转基因作物有大豆、玉米、棉花、油菜、苜蓿、甜菜等32种，其中批准数量较多的依次是玉米（35个国家/地区）、大豆（31个国家/地区）、棉花（27个国家/地区）、油菜（15个国家/地区）。从种植面积和国家来看，1996—2019年全球转基因作物的累计种植面积达27亿公顷，种植转基因作物的国家发展到29个，种植面积位列前10位的国家依次是美国（7 150万公顷，占比38%）、巴西（5 280万公顷，占比28%）、阿根廷（2 400万公顷，占比13%）、加拿大（1 250万公顷，占比7%）、印度（1 190万公顷，占比6%）、巴拉圭（410万公顷，占比2%）、中国（320万公顷，占比2%）、南非（270万公顷，占比1%）、巴基斯坦（250万公顷，占比1%）以及玻利维亚（140万公顷，占比1%）。从种植比例来看，在已批准商业化种植的主要国家中，转基因作物种植比例已接近饱和。全球范围内主要转基因农作物的种植比例：棉花79%，大豆74%，玉米31%，油菜27%。从性状种类来看，转基因性状以耐除草剂和抗虫为主，商业化的性

状有单一耐除草剂、单一抗虫和既耐除草剂又抗虫（复合性状）3种。这表明，转基因作物正以非常快的速度在越来越多的国家和地区被投入应用，为全球发展和环境保护做出了贡献。

8 国际上转基因产业发展趋势如何？

答 自1996年转基因作物商业化种植以来，全球转基因技术研发和产业化势头强劲，发达国家纷纷把转基因技术作为抢占科技制高点和增强农业国际竞争力的战略重点，很多发展中国家也在积极跟进，转基因作物种植国家的数量和种植面积持续增加。

全球转基因产业发展的实践证明，政府的态度和立场对转基因产业的发展有重要影响。美国政府态度积极，方向明确，已经在全球转基因产业发展中占据明显优势地位。自1996年美国在全球率先实现转基因作物商业化种植以来，2019年其转基因作物的总种植面积达到7 150万公顷，占全球总种植面积（1.904亿公顷）的38%，美国在转基因作物种植方面持续领先于全球。欧洲转基因的研发水平曾一度领先于美国，但之后态度趋于保守，目前已大大落后于美国。同时，欧洲每年从阿根廷、巴西和美国进口的原料主要是转基因产品，其中用于饲料的大豆和大豆产品3 000多万吨（90%～95%为转基因的），玉米和玉米产品1 000万～2 000万吨（20%～25%为转基因的），油菜和油菜产品250万～500万吨（25%为转基因的）。拉丁美洲对待转基因作物一直持积极态度，目前已有10个国家广泛种植转基因作物，巴西、阿根廷、巴拉圭、玻利维亚的转基因种植面积都位列世界前10位。

此外，转基因技术发展还呈现以下特点：

一是技术日新月异。转基因技术研究手段、装备水平不断提高，新基因、新性状、新方法和新产品不断涌现。

二是品种培育呈现出代际特征。国际上转基因生物新品种已从抗虫和耐除草剂等第一代产品，向营养品质改良和提高产量等第二代产品，以及工业、医药和生物反应器等第三代产品转变，多基因聚合的复合性状正成为转基因技术研究和应用的重点。

三是生态效益、经济效益十分显著。巴西、阿根廷种植转基因大豆后出口量逐年增长，2019年巴西和阿根廷大豆出口量占全球的一半以上。南非推广种植转基因抗虫玉米后，单产提高了一倍，由玉米进口国转变为玉米出口国。

9 我国为什么要发展转基因技术？

答　我国用占全球9%的耕地养活了占全球近20%的人口，取得了举世瞩目的成就。保障自身粮食安全，特别是口粮的绝对安全，一直以来都是我国农业的重中之重。

在实现粮食自给可控的同时提升农业在全球的竞争能力，我国还面临诸多挑战。一是资源环境的承载力已到极限。公开资料显示，我国的人均耕地面积不足1.4亩，是美国的1/5；人均水资源占有量不足世界平均水平的28%。另据中国科学技术协会年会报告，在我国18亿亩耕地中，每年有3亿亩耕地受病虫危害，7亿多亩耕地常年受旱灾威胁，5亿亩盐碱地有待开发。二是18亿亩耕地的质量形势愈发严峻。据《2019年全国耕地质量等级情况公报》显示，全国耕地按照从优到劣依次划分为1至10个等级，平均等级为4.76等，其中1至3等耕地仅占总面积的31.2%。三是化肥和农药的过量使用导致环境污染。2022年，我国已成为世界化肥农药用量较多的国家之一，氮肥施用量占全球33%，磷肥施用量占全球36%，农业已超过工业成为我国最大的面源污染产业。四是我国产业竞争力和食物自给率双双下降。国家统计局数据显示，2021年我国进口粮食16 453.9万吨，占全国粮食总产量的24.1%。20年间，中国的食物自给率已从近100%下降到2022年的76%左右，油料的自给率从81%下降到25.1%，尤其是大豆的自给率从60.2%下降到17.0%。

养活14亿人，种子和耕地是两大关键。在耕地面积有限的情况下，通过改良品种来提高单产是增产稳产的重要途径。种子被视为农业芯片，良种对我国粮食增产贡献率超过45%。然而放眼全球，围绕种子，特别是转基因种子的争夺战正趋于白热化，其市场被少数国际巨头瓜分。2020年，德国拜耳、美国科迪华两家国际转基因种业巨头，占据了全球种业近40%的市场份额。反观我国种子企业，数量多、规模小、竞争力不强，难以与国际种业巨头抗衡。公开数据显示，我国种子企业有7 000多家，但市场规模最大的前10家企业市场份额仅占国内市场份额的13%。

转基因育种技术及其产业在经历了技术成熟期和产业发展期之后，目前已进入以抢占技术制高点与经济增长点为目标的战略机遇期。为突破我国传统育种在农业生产中的诸多瓶颈，大力发展转基因育种技术，将成为提升我国种企竞争力的重要手段。

10 我国推进转基因技术研究与应用的战略是什么？

答 我国一贯高度重视农业转基因技术发展，坚持把发展转基因作为增强产业核心竞争力、把握产业发展主动权的国家重大科技战略。国家先后对转基因发展做出系列部署，国家"863"计划将功能基因克隆、转基因操作及转基因生物新品种培育技术等列入研究计划，国家"973"计划对转基因生物安全评价与风险控制予以重点支持，科技部、财政部联合启动了"国家转基因植物研究与产业化专项"。

在研究上，党中央、国务院发布一系列重要文件，实施重大专项支持，将以生物新品种培育为重点的转基因生物育种研发作为战略性项目大力发展。2006年，国务院发布《国家中长期科学和技术发展规划纲要（2006—2020年）》，把转基因生物新品种培育列为16个国家科技重大专项之一。2008年，国务院批准启动实施转基因生物新品种培育科技重大专项，提高农业转基因生物研究和产业化整体水平，为我国农业可持续发展提供强有力的科技支撑。2009年，中央1号文件要求加快推进转基因生物新品种培育科技重大专项；国务院出台《促进生物产业加快发展的若干政策》，明确提出要加快把生物产业培育成高技术领域的支柱产业和国家的战略性新兴产业。2010年，中央1号文件要求继续实施转基因生物新品种培育科技重大专项，抓紧开发具有重要应用价值和自主知识产权的功能基因和生物新品种，在科学评估、依法管理基础上，推进转基因新品种产业化。2012年，国务院印发《"十二五"国家战略性新兴产业发展规划》，提出要加快实施转基因生物新品种培育科技重大专项，推动生物农业等战略性新兴产业发展。2015年，中央1号文件要求加强农业转基因生物技术研究、安全管理和科学普及。2016年，《中华人民共和国国民经济和社会发展第十三个五年规划纲要》提出，加强农业科技自主创新，加快生物育种、农机装备、绿色增产等技术攻关；国务院印发《"十三五"国家科技创新规划》，提出加强技术研究，加大研发力度，推进重大产品产业化，强化新技术研发，使我国农业转基因生物研究整体水平跃居世界前列，为保障国家粮食安全提供品种和技术储备。2021年的《中共中央关于制定国民经济和社会发展第十四个五年规划和二〇三五年远景目标的建议》把生物育种列入八大前沿领域之一，实施一批具有前瞻性、战略性的国家重大科技项目。

在应用上，党中央、国务院在2020年之后做出了一系列生物育种产业化应用的重要指示。2020年中央经济工作会议要求，尊重科学、严格监管，有序推进生物育种产业化应用，中央农村工作会议强调，要在严格监管、风险可控的前提下，加快推进生物育种研发应用。2021年，《中共中央国务院关于全面推进乡村振兴加快农业农村现代化的意见》提出："加快实施农业生物育种重大科技项目。深入实施农作物和畜禽良种联合攻关。实施新一轮畜禽遗传改良计划和现代种业提升工程。尊重科学、严格监管，有序推进生物育种产业化应用。"2021年中央政治局第三十三次集体学习时，习近平总书记指出，要促进生物技术健康发展，在尊重科学、严格监管、依法依规、确保安全的前提下，有序推进生物育种、生物制药等领域产业化应用。2022年3月，习近平总书记在看望参加全国政协十三届五次会议的农业界、社会福利和社会保障界委员并参加联组会时强调，要发挥我国制度优势，科学调配优势资源，推进种业领域国家重大创新平台建设，加强基础性、前沿性研究，加强种质资源收集、保护和开发利用，加快生物育种产业化步伐。

11 我国目前具备转基因作物产业化应用条件吗？我国在转基因作物产业化应用方面取得了哪些成效？

答　发展农业生物育种技术，是提升种业竞争力、破解重大风险挑战、赢得战略主动的现实需要和迫切需求。当前，我国转基因作物在生产上有品种、发展上有需求、应用上有保障，转基因作物产业化恰逢重大发展机遇，我们应当牢牢抓住机遇推动生物育种发展再上新台阶。

经过几十年发展，我国农作物种业科技创新水平已步入跟踪、并跑和领跑并存的新阶段，建立了较完善的农业生物育种技术体系。农作物保存资源总量突破 52 万份，重要性状形成的分子机制等基础研究位居国际前列，杂种优势利用、倍性育种、诱变育种、分子育种等关键技术快速发展与应用，选育的动植物新品种基本满足了农业生产需求。我国已经形成了自主基因、自主技术、自主品种的创新格局，实现了由跟踪国际先进水平到自主创新的跨越式转变，由此显著提升了我国生物技术的国际竞争力。

我国在转基因作物产业化应用方面取得了显著成效。

一是实现了关键基因自主可控。针对抗病虫、抗逆、耐除草剂、高产、品质改良、资源高效利用等重要农艺性状，克隆功能基因和调控元件 6000 多个，获得重大育种利用价值新基因 400 余个。其中具有重大育种价值的高产优质、抗病抗虫、耐逆和资源高效利用的新基因 396 个，并且均已应用在新品种培育上。目前，我国水稻基因克隆研究位居国际领先地位，打破了跨国公司的基因垄断，为生物技术育种储备了丰富的基因资源。

科学认识转基因

　　二是攻克一批关键核心技术。经过多年发展，我国构建起了主要农作物规模化转基因技术体系，水稻和棉花转化体系达到国际领先水平，粳稻、棉花转化效率分别提高到85%和20%以上，小麦转化效率提高到23%，玉米、大豆转化效率分别达到10%和6%以上，从而解决了玉米、大豆、小麦等优良品种遗传转化的"卡脖子"技术瓶颈。此外，基因编辑、智能不育系、基因表达调控等领域研究及应用也取得了重大进展。

　　三是研发储备了一批重大产品。我国转基因产品从少数物种逐步拓展到主要农产品。抗虫棉实现商业化种植，国产抗虫棉市场占有率达99%以上，减少农药使用65万吨，带动新增产值650亿元，走出了我国转基因棉花自主创新的道路，是转基因育种产业化的成功典范。截至2022年4月，11个抗虫、耐除草剂玉米和3个耐除草剂大豆获得生产应用安全证书，其中1个耐除草剂大豆获准在阿根廷商业化种植并获得国内进口用作加工原料的安全证书。抗虫

16

水稻研发国际领先，已获得生产应用安全证书和美国进口许可。抗旱节水小麦可提高水分利用率达15%以上。一旦时机成熟，这些成果储备可实现产业化应用，为解决粮食安全和农业生产提供科技保障。

四是转基因大豆玉米产业化应用试点有序推进。2020年中央经济工作会议作出"尊重科学、严格监管，有序推进生物育种产业化应用"的决策部署，转基因大豆、转基因玉米产业化应用进入试点阶段。统筹转基因大豆、玉米产业化应用试点，有利于解决农业生产面临的病虫草害等瓶颈问题，有利于形成配套的技术与政策体系，有利于缓解大豆、玉米争地和大豆进口压力，是整体提升国家粮食安全保障能力的重要选择。试点的耐除草剂转基因大豆品种高耐受草甘膦，可增产10%以上，节省人工成本50%，节省除草剂50%，含油量达22%；试点的抗虫耐除草剂玉米品种，抗草地贪夜蛾和玉米螟，耐受草甘膦，可增产10%以上。试点地区统一供种、统一田间管理，专种专收、专储专用。通过试点，充分验证了转基因品种特性，展现了增产增效及生态效果，进一步完善了生产配套措施，完善了法规配套性和操作性，常规化种植条件基本成熟。

第三部分　转基因生物安全管理

12 为什么需要进行转基因生物安全管理？

答　转基因技术为人类解决食物短缺、提高食品品质等一系列问题带来了希望，与此同时，由于转基因技术涉及复杂且精细的基因重组，打破了物种界限，自转基因技术诞生之日起其安全性就引起了科学界的高度关注。

1972年，欧洲分子生物学组织（EMBO）举行了一次工作会议，就利用限制性内切酶构建DNA重组体，以及由此带来的潜在风险进行了专门讨论。1973年在美国新罕布什尔州举行的高登会议，讨论了分子生物学在核酸方面的发展，并通过了致信美国国家科学院（NAS）的决定，提出对重组DNA的潜在风险予以严肃的考虑。

1975年，在美国加利福尼亚阿西洛马会议中心，召开了全球首次"重组DNA生物安全性"国际会议，来自全球12个国家的140多位分子生物学界的精英、政府官员和法律专家共同探讨既不阻碍科学发展，又能限制其潜在风险的有效途径。会议形成了《阿西洛马会议建议书》，确定了关于重组DNA技术的基本策略，包括认可它对于生命科学的意义，正视其潜在的生物安全风险，在保证安全的前提下鼓励继续研究。阿西洛马会议是世界上第一次大范围深入讨论转基因生物安全性的正式会议，具有里程碑式的意义。

基于《阿西洛马会议建议书》，1976年美国国立卫生研究院颁布了全球第一个转基因生物安全法规《重组DNA分子研究准则》，

开始对重组DNA操作实施管理。1986年，经济合作与发展组织（OECD）制定了全球第一个转基因生物安全管理的国际指导性文件《重组DNA安全性考虑——用于工业、农业和环境的重组DNA生物安全法》。2002—2008年，国际食品法典委员会（CAC）制定了《现代生物技术食品风险分析原则》以及重组DNA植物、动物和微生物食品安全评价指南4个评价标准。

目前，通过立法对转基因生物实施安全管理已成为世界各国的普遍做法。正是因为各国对转基因生物研发进行了严格管理，自转基因作物商业化以来，没有发生过一起经证实的食用安全问题。

13 我国转基因生物安全管理体制与运行机制能保障安全吗？

答 我国农业转基因安全管理体制和运行机制规范严谨，可以确保安全。我国建立健全了一整套适合我国国情并与国际接轨的法律法规和技术管理规程，涵盖了转基因研究、试验、生产、加工、经营、进口许可以及产品强制标识等各环节。国务院颁布了《农业转基因生物安全管理条例》，原农业部（现农业农村部）制定并实施了《农业转基因生物安全评价管理办法》《农业转基因生物进口安全管理办法》《农业转基因生物标识管理办法》《农业转基因生物加工审批办法》4个配套规章，原国家质检总局（现国家市场监督管理总局）施行了《进出境转基因产品检验检疫管理办法》。

我国组建了来自多个学科的76位专家组成的国家农业转基因生物安全委员会（以下简称安委会），按照实验研究、中间试验、环境释放、生产性试验和申报生产应用安全证书5个阶段，安委会负责对转基因生物进行科学、系统、全面的评价；组建了由37位专家组成的全国农业转基因生物安全管理标准化技术委员会，已发布252项转基因生物安全标准；认定了42个国家级的第三方监督检验测试机构。

我国建立了由农业、科技、环保、卫生、食药、检验检疫等多个部门组成的农业转基因生物安全管理部际联席会议制度，负责研究和协调农业转基因生物安全管理工作中的重大问题。农业农村部设立了农业转基因生物安全管理办公室，负责全国农业转基因生物安全的日常协调管理工作。县级以上地方各级人民政府农业行政主管部门负责本行政区域内的农业转基因生物安全的监督管理工作。

转基因产品是否安全，是由多领域的科学家按照严谨的科学标准、严格的法规程序来评价的，不是由哪个工作部门或者哪个人说了算的。转基因无论是研究、试验，还是生产、加工，又或者是经营、进口，都要依法依规办理，这套程序很严格，以此保证转基因技术在应用过程中不会对人体健康和动植物、微生物造成危害，能够保证生态环境安全。只要通过安全评价、获得安全证书的转基因产品就是安全的。

14 我国转基因生物安全评价的程序是什么？

答 我国对农业转基因生物实行分级分阶段安全评价管理制度。农业转基因生物安全委员会负责农业转基因生物安全评价工作。从分级上看，按照对人类、动植物、微生物和生态环境的危险程度，将农业转基因生物安全等级分为Ⅰ至Ⅳ级，即尚不存在危险、具有

低度危险、具有中度危险、具有高度危险。从分阶段上看，安全评价按照实验研究、中间试验、环境释放、生产性试验和申请安全证书5个阶段进行。研发人应当向本单位生物安全管理部门、相关政府监管部门报告，并提交书面申请和相关技术资料。管理部门组织专家依法开展技术审查并提出意见，反馈给申请人。监管部门定期开展监督检查。拟申请环境释放、生产性试验和申请领取安全证书的单位，以及中外合作、合资或者外方独资从事转基因研究和试验的单位，须按照安全评价指南的要求提交书面资料，经本单位农业转基因生物安全小组审查和试验所在的省（自治区、直辖市）农业行政主管部门审核后，向农业农村部行政审批办公室提出行政许可申请。农业农村部组织安委会对其进行安全评审和审批，发放农业转基因生物安全证书，并在农业农村部官方网站公布。申报单位在取得农业转基因生物安全证书后，还要按照相关法律法规规定，办理与生产应用相关的其他手续，如转基因农作物要按照《种子法》的相关规定进行品种审定，取得种子生产、经营许可后，才能生产种植。

15 我国怎样评价转基因生物的安全性？

答　我国开展转基因生物安全评价，遵循国际公认的理念和原则。主要原则有：（1）科学原则。对转基因生物及其产品的评价应建立在科学、客观的基础上，充分应用现代科学技术的研究手段和成果，对转基因生物及其产品进行科学检测、分析和评价，并接受科学界的同行评议。（2）个案评价原则。转基因生物的安全性因受基因供体、基因受体、基因操作方法、用途和应用环境等的影响而有所不同。因此，应当对每一种转基因生物逐个进行安全性评价，最大限度地保障安全，发现安全隐患。（3）分阶段原则。转基因生物研发和安全评价分步开展，试验获得的相关数据和安全评价信息可作为下一步安全评价的基础。随着生物技术的进步和发展，以及生物安全研究的逐步深入、对转基因生物认识的不断深入，安全评价方法和技术也会不断改进和提高。（4）熟悉原则。了解某一转基因生物的目标性状、生物学、生态学和释放环境、预期效果等背景信息，对与之相类似的转基因生物就具有了安全性评价的经验，可以通过已经积累的经验来指导新产品的开发。（5）比较分析原则。以非转基因生物为参照物，对转基因生物进行安全性评价。如果转基因生物在分子特征、环境安全和食用安全方面与对应的非转基因生物无实质性差异，可以认为该转基因生物与非转基因生物是同样安全的。

我国转基因生物安全评价主要包括分子特征、环境安全风险和食用安全风险三个方面内容。

分子特征主要评价外源基因整合及表达的稳定性、目标性状表现的稳定性以及转基因作物世代之间外源基因整合与表达情况是否

会带来安全风险。

食用安全主要评价外源基因及表达产物在可能的毒性、过敏性、营养成分、抗营养成分等方面是否符合法律法规和标准的要求，是否会带来安全风险。

环境安全主要评价转基因生物在生存竞争能力、基因漂移、生物多样性和对靶标害虫抗性风险等方面是否会带来安全风险。

16 我国为什么大量进口转基因大豆，其安全性是否有保证？

答 我国从1996年起成为大豆净进口国，进口量从当年的110万吨，增加到2021年的9653.7万吨，进口的大豆基本上为转基因大豆，全部用作加工原料。巴西、美国、阿根廷、加拿大等国家是我国大豆进口的主要来源地，这些国家绝大部分种植的都是转基因大豆。2021年，美国转基因大豆种植面积占美国大豆种植面积的95%，总产量为1.2亿吨。

进口转基因大豆是我国利用国际国内两个市场和两种资源的举措。进口转基因大豆主要用于满足国内植物油和蛋白粕需求。据专家测算，进口大豆加工成豆油的总成本比国产大豆每吨要低300元。近年来，我国积极实施大豆振兴计划，大豆播种面积和产量连续5年实现"双增长"，但国内大豆产量仍难以满足需求。近5年，我国每年大豆进口量均在8000万吨以上，2020年突破1亿吨，假设这1亿吨进口大豆均由我国自主生产，以2020年我国大豆平均亩产132千克来计算，需要7.58亿亩的耕地，约占我国谷物（稻谷、小麦、玉米）播种面积的一半，这显然是无法实现的。因此，需要通过进口大豆以弥补耕地缺口。

　　我国对进口转基因生物管理十分严格。转基因大豆在进口前应当向农业农村部提交进口用作加工原料的安全评价申请，包括提交相关技术资料，根据需要由转基因检测机构进行检测验证，经国家农业转基因生物安全委员会评审合格后，方可发放进口用作加工原料的安全证书。海关还会在转基因大豆入境时做货证相符的查验工作。因此，进口转基因大豆的安全性是有保障的。

17 我国如何对转基因作物进行田间监管？

答　从事农业转基因生物研究与试验的单位是安全监管的第一责任人，需要建立与安全等级相适应的安全设施和措施，确保农业转基因生物研究与试验的安全，并成立农业转基因生物安全小组，负责本单位农业转基因生物研究与试验的安全工作。在田间试验开始前，需要将试验的时间、地点、品种、规模等信息形成详细的申报书向国务院农业行政主管部门提出申请，经农业转基因生物安全委员会进行安全评价合格的，由国务院农业行政主管部门批准后，按批准文件要求开展试验。

　　农业农村部制定了《转基因作物田间试验安全检查指南》，以加强转基因作物田间试验安全监管，规范检查方法和检查内容。各级农业行政主管部门根据指南对其属地内的转基因作物田间试验种植进行监督检查。内容包括：播种期主要检查试验材料、试验面积、安全控制措施及剩余材料处置等；开花期主要检查试验记录、隔离措施与试验面积等；收获期主要检查试验材料收获、保管、处

置及植株残留物的灭活处理等；试验结束后主要检查自生植物的去除措施及残留情况等。

农业农村部每年制定转基因生物安全监管方案，明确监管重点和监管措施，指导各地农业行政主管部门开展安全监管执法工作。农业农村部成立转基因督查组赴重点地区，就转基因田间试验进行督导检查，开展转基因成分例行检测和抽检。对违规销售、种植转基因作物的现象，发现一起查处一起。

18 转基因产品标识与安全性有关系吗？我国对转基因产品标识是如何规定的？

答 对转基因产品进行标识，是为了保护消费者的知情权和选择权。转基因产品是否安全是通过安全评价得出的，即获得安全证书的转基因产品是安全的。因此，转基因产品的标识与安全性无关。

我国对转基因产品实行按目录定性强制标识制度。2002年，农业部发布了《农业转基因生物标识管理办法》，制定了标识目录，对在国内销售的大豆、油菜、玉米、棉花、番茄5类17种转基因产品，进行定性强制标识，未标识和不按规定标识的，不得进口或销售。自标识目录发布至今，我国批准种植的转基因作物仅有棉花和番木瓜，批准进口用作加工原料的有大豆、玉米、棉花、油菜、甜菜和番木瓜6种作物，然而对哪些产品进行标识，是根据标识的可能性、可操作性、经济成本、监管可行性等多种因素综合考虑确定的。如转基因木瓜未列入我国首批标识目录，主要是因为目前我国农民小规模分散种植的木瓜仍占较高比例，农民直接到农贸市场销

售，这样很难做到对所有木瓜进行标识，标识的成本很高。当前，国际上还没有任何一个国家对所有的转基因产品进行标识。

消费者可以通过转基因标识来识别、选择是否要购买转基因产品。我国市场上常见的转基因食品，如转基因大豆油、菜籽油，均被要求标注"加工原料是转基因大豆/油菜籽"等字样，消费者可以根据自己的意愿自由选择。以前市场上常有标注"非转基因"字样的花生油等，事实上国外和我国市场上根本没有转基因花生。2018年，国家市场监管总局、农业农村部、国家卫健委三部门联合发布公告，明确对市场上没有转基因同类产品的食用植物油不得标注"非转基因"。

19 我国市场上有哪些转基因农产品？

答 截至2022年4月，我国批准种植的转基因作物仅有棉花和番木瓜，批准进口用作加工原料的有大豆、玉米、棉花、油菜、甜菜

和番木瓜6种作物。

目前，我国市场上的转基因农产品，主要有大豆油、油菜籽油、玉米油、棉籽油、棉花、番木瓜和豆粕（饲用），而市场上销售的圣女果、彩椒、彩色玉米等因其大小差异和五彩缤纷的颜色，通常被误认为是转基因农产品，事实上它们都是人类在长期的农耕实践中对野生植物进行栽培和驯化培育的产品，不是转基因品种。

20 如何获得转基因安全管理相关信息？

答　可以登录农业农村部官方网站，找到首页"热点专题"的"转基因权威关注"栏目（http://www.moa.gov.cn/ztzl/zjyqwgz/），就可查阅到农业转基因生物相关法规、安全评价标准、审批结果和转基因科普资料等。另外，还可以通过微信公众号"中国农业转基因管理"获得相关信息。

"转基因权威关注"栏目

第四部分　事实真相

21 转基因食品的安全性有没有定论？国际上关于转基因食品安全是否有权威结论？

答　转基因食品的安全性是有定论的，即通过安全评价、获得安全证书的转基因食品都是安全的，可以放心食用。1997年，国际食品法典委员会（CAC）成立了生物技术食品政府间特别工作组，应对转基因技术实行风险管理，并制定了转基因生物评价的风险分析原则和转基因食品安全评价指南，使其成为全球公认的食品安全标准和世贸组织裁决国际贸易争端的依据。各国安全评价的模式和程序虽然不尽相同，但总的评价原则和技术方法都是按照国际食品法典委员会的标准制定的。

美国国家科学院、英国皇家医学会、巴西科学院、中国科学院、印度国家科学院、墨西哥科学院和第三世界科学院联合出版了《转基因植物与世界农业》，其中达成的共识是："可以利用转基因技术生产食品，这些食品更有营养、储存更稳定，而且在原则上更能促进健康，给工业化和发展中国家的消费者带来惠益。"美国国家科学院、国家工程院和国家医学院认为："没有发现确凿证据表明，目前商业化种植的转基因作物与传统方法培育的作物在健康风险方面存在差异，没有发现任何疾病与食用转基因食品之间存在关联，没有发现确定性因果关系证据表明转基因作物会造成环境问题。"欧盟委员会历时25年，组织500多个独立科学团体参与的

130多个科研项目得出的主要结论是："生物技术，特别是转基因技术，并不比传统育种技术更有风险。"英国皇家学会认为："没有证据表明采用转基因技术培育出的新作物品种比采用传统杂交育种技术培育出的品种更有可能产生不可预见的影响。""没有证据表明某个作物仅仅由于它是转基因而有食用危险，食用转基因食品不会影响一个人的基因。"截至2022年，已有150多位诺贝尔奖获得者联合签署公开信，呼吁尊重关于转基因产品安全性的科学判断和监管机构的评估结论。

22 转基因食品的安全性评价做不做人试吃试验？

答 在开展转基因食品安全评价时，没有必要也没有办法进行人试吃试验。

首先，遵循国际公认的化学物毒理学评价原则，转基因食品安全评价一般选用模式生物小鼠、大鼠进行高剂量、多代数、长期饲喂实验进行评估。以大鼠两年的生命周期来计算，3个月的评估周期相当于其1/8的生命周期，两年的评估则相当于其整个生命周期。科学家用动物学的实验来推测人体的实验结果，以大鼠替代人体试验，是国际科学界通行的做法。

其次，进行毒理学等安全评价的时候，科学家一般不会用人体来做多年多代的试验。第一，现有毒理学数据和生物信息学数据足以证明是否存在安全性问题。第二，根据世界公认的伦理原则，科学家不应该也不可能用一种食品让人连续吃上十年、二十年来做实验，甚至延续到他的后代。第三，用人体试验解决不了转基因食品

安全性问题。人类的真实生活丰富多彩，食物是多种多样的，如果用人试吃转基因食品来评价其安全性，就不可能像动物实验那样进行严格的管理和控制，很难排除其他食物成分的干扰作用。

最后，在转基因食品的安全性评价试验过程中，借鉴了现行的化学品、食品、食品添加剂、农药、医药等安全性评价理念，采取了大大超过常规食用剂量的超常量实验，应用了一系列世界公认的实验模型、模拟实验、动物实验方法，完全可以代替人体试验。

23 转基因食品能不能长期吃，会不会影响后代？

答　有人说转基因食品一代人吃是看不出问题的，要吃三代，甚至更多代看看。转基因食品在安全评价时，绝对不允许转入表达致敏物和毒素的基因，也就是说，转基因食品与非转基因食品一样，表达的蛋白质都不是致敏蛋白和毒蛋白，与其他蛋白质没有本质差别，都是营养物质。这种蛋白质进入胃肠道都会被"一视同仁"地

消化、分解、吸收和代谢，并为人体提供营养和能量。因此，从生物学的角度看，转基因食品并不会在消化道长时间保持原状，在人体中不存在"累加效应"，不会随着摄入量的增加而在体内积累，更不会改变人类的基因，影响后代。

从生产实践看，人类食用植物源和动物源的食品已有上万年，这些天然食品中同样含有各种基因，但人们从未担心过食物中来自动物、植物、微生物的基因会改变人的基因或遗传给后代。国际上也开展了小鼠、猪的多代喂养试验，我国军事科学院军事医学研究院对与人类亲缘关系最近的动物——猴，开展了两代长期喂养试验，没有发现任何负面影响。转基因饲料已在全球应用20余年，饲喂了几百亿只鸡，繁衍了20至40代，至今未发现1例安全性问题。

24 虫子吃了抗虫转基因作物会死，人吃了为什么没事？

答　抗虫转基因作物，转入的基因主要是来自苏云金芽孢杆菌的Bt基因。苏云金芽孢杆菌之所以能够杀虫，是因为它含有一种特殊的Bt杀虫蛋白。这种Bt杀虫蛋白高度专一，只能与特定害虫（棉铃虫、玉米螟等鳞翅目害虫）肠道上的特异性受体结合，使害虫肠穿孔而死。人类、畜禽和其他昆虫胃肠细胞没有结合这种蛋白的特异性受体，抗虫蛋白进入消化道后只能被消化降解，不会对人体造成伤害。

正因为Bt抗虫蛋白对环境、人畜无害，以它为主要成分的生物杀虫剂在农业生产上安全应用了80多年。随着转基因技术的发展，科学家将Bt杀虫蛋白基因转入到农作物中，使作物也有了抗虫的效果。目前大规模种植和应用转Bt基因棉花已超过25年，抗虫蛋白对人类来说就跟牛奶和大豆中的蛋白质一样被人体消化降解，所以人吃了转基因抗虫作物不会有安全问题。这就像巧克力，人类将其视为美食，但狗吃了却会中毒，转基因抗虫作物就是利用了这样的物种差异性特点，而这也正是科学的精妙所在。

25 西方国家民众吃不吃转基因食品？对转基因食品是不是"零容忍"？

答 美国是转基因技术研发强国，也是全球最大的转基因食品生产和消费大国。据美国杂货商协会（GMA）统计，美国75%～80%的食品都含有转基因成分。截至2022年，美国已经批准了23种转基因作物商业化应用，每年种植的转基因作物在11.3亿亩左右，占其耕地面积的40%以上，其中玉米、大豆、棉花等转基因作物种植面积均超过90%。2020年，美国种植的50%左右的大豆和80%以上的玉米均在美国国内消费。美国的转基因食品主要来源于转基因大豆、玉米、油菜、甜菜、番木瓜、苹果、马铃薯等，常见的食用油、糕点、薯片、大豆蛋白粉、卵磷脂、玉米甜菜糖浆、人造黄油、玉米淀粉以及饮料、谷类食物等相关加工品基本都是转基因产品，可以说，美国是吃转基因食品种类最多的国家。

欧洲也是转基因产品进口和消费较多的地区，欧盟每年进口大量转基因农产品，主要是大豆、玉米、油菜、甜菜及其加工品。根据国际贸易数据统计，欧盟2020年转基因大豆进口量占其大豆总

消费量的81%，进口转基因玉米占玉米总消费量的6%。2019年，西班牙、葡萄牙转基因作物种植面积分别为160万亩和7万亩。

日本同样进口大量的转基因农产品。2020年，日本进口的转基因大豆、转基因玉米和转基因油菜，分别占其国内消费量的87%、97%和96%。

俄罗斯虽然还没有批准种植转基因作物，但允许进口转基因农产品。目前，俄罗斯每年进口转基因大豆约200万吨，占其国内大豆加工量的40%。2020年，俄罗斯为防止国内出现大豆严重短缺，从而影响畜牧业的稳定发展，出台了《转基因豆粕进口程序简化政府令》，大大简化了转基因大豆和豆粕的进口审批程序。

26 转基因食品会影响生育吗？与癌症发病率有关系吗？

答 转基因食品在上市前，都要按照国际通用规则开展科学全面系统的毒性、致敏性等方面的研究试验、检测验证和科学评估，任何一个阶段被发现存在风险，都会立即中止研发。批准上市的转基因食品和普通食品一样，除了增加人们希望得到的特定性状（例如抗虫、抗旱等，并不会影响生育）外，不会增加致癌风险。

把转基因食品和不孕不育联系起来，没有任何科学依据和医学证据，完全是谎言和误导。网传"多年食用转基因玉米，导致广西男性大学生精子活力下降"，事实上，大学生精子异常的说法出自广西医科大学第一附属医院的《广西在校大学生性健康调查报告》，报告中提出环境污染、长时间上网、熬夜等不健康的生活习惯可能导致大学生精子异常，根本就没有任何关于转基因的字眼，类似的谣言还有"无锡有一半女性不孕不育，都是转基因导致的"等。2018年当地警方已对相关造谣者进行教育训诫，并公开辟谣。

致癌因素主要有紫外线、X射线等物理因素，焦油（烟草中含有）、石棉、亚硝酸盐（隔夜菜中含有）等化学因素以及能使细胞发生癌变的病毒等，而批准上市的转基因食品并没有也不会增加上述致癌因素。不仅如此，某些转基因食品相对于非转基因食品更安全。比如，普通玉米受到害虫咬食后容易发生霉变，产生黄曲霉毒素、伏马菌素等有毒物质，从而有致病、致癌风险；转基因玉米因为能抗虫，不仅农药使用量大幅减少，其籽粒中的毒素含量也大大降低，品质得到了很大提升，食品安全也得到了保障。转基因食品之所以会与癌症扯上关系，源于法国研究人员的一篇论文，文中称大鼠被长期喂养转基因玉米会引起肿瘤。法国及欧盟对此专门进行了研究，历时6年，耗资超1亿元人民币，结果表明：转基因玉米没有引发任何负面效应，更没有发现其有慢性毒性和致癌性。

27 转基因作物能留种吗？能发芽吗？

答 农作物种子分为常规种和杂交种。常规种一般是指同一品种的父本和母本通过自然授粉形成的种子，在杂交种出现之前，农民一直通过自留常规种来种植庄稼。杂交种是通过一定技术和方法将一个品种的花粉授给另一个品种，从而结实产生的种子，杂交种能够综合、甚至会超越父本母本两个品种的优势。根据不同农作物的特点，种子类型也有所不同，如目前玉米基本都是杂交种，而大豆、小麦则多为常规种，水稻既有杂交种又有常规种。如果杂交种自行留种种植，后代会因发生性状分离，导致作物整齐度不一、农艺性状显著下降，严重影响产量和品质，所以实际生产中一般不留种。比如，玉米杂交种具有生产旺盛、产量高、抗病虫害能力强的优势，但是种子来年再种则会发生参差不齐、性状不优、产量下降的情况，因此不宜留种，需要购买新种。但对于常规种来说，可以继续留种。因此，作物能不能留种和转基因没有直接关系，关键在于种子本身是常规种还是杂交种。

种子一般由种皮（有保护作用）和胚（包括胚根、胚芽、胚轴、子叶）组成，部分种子还含有胚乳，只要种子具备上述完整的结构和活力，在适宜的温度、水分等条件下，它就可以吸收土壤中的水分和营养，突破种皮发芽。种子发芽率与温度、湿度、化学抑制剂处理等因素有关，跟是否为转基因无关。市场上小麦、玉米、水稻等作为粮食出售时，为了防止发芽带来的损失，有时候会进行灭活处理，例如使用高温熏蒸等措施来破坏种子的内部结构，所以一般买来的粮食是不能发芽或者发芽率不高的，这与是否为转基因粮食也没有任何关系。

28 转基因作物能不能增产?

答 作物产量并不只是由基因决定的，增产会受多种因素影响。同时，作物是否增产与转入基因的功能有关，目前转入并得到普遍应用的是抗虫和耐除草剂基因，虽然不是以增产为目的，但由于减少了害虫、杂草的危害和农药的使用，增加了作物种植密度，这种节本增效的方式客观上增加了作物产量。因此，转基因作物的增产效果是客观存在的。

29 种植转基因耐除草剂作物是否会产生"超级杂草"并破坏生态环境?

答 1995年，加拿大首次商业化种植转基因油菜，在油菜地里发现了个别油菜植株可以对3种除草剂都具有抗性，因而有人称它为"超级杂草"。事实上，这种油菜在喷施另一种除草剂2,4-D后即可全部被杀死。目前，加拿大转基因油菜种植面积仍在不断增加，占其油菜总面积的90%以上，其中耐除草剂油菜种植面积占到了95%以上。

其实，"超级杂草"只是一个形象化的比喻，目前并没有证据证明"超级杂草"的存在。即使发现有抗多种除草剂的杂草，还是可以通过更换除草剂和其他除草措施得到有效控制。2013年，国际权威期刊《自然》发表题为《转基因作物的事实与谣传》专题报

道，认为在现代农业生产系统中，完全放弃化学除草剂并不可行，因为使用化学除草剂来控制杂草比传统翻土耕作更有效率。

30 转基因育种是否违背生物进化规律？

答 "物竞天择，适者生存"，生物通过遗传、变异，在生存斗争和自然选择中，由简单到复杂，由低等到高等，不断发展变化。生命起源与生物进化的研究表明，自然界打破生殖隔离、进行物种间基因转移的现象早已有之。如目前得到广泛运用的转基因经典方法——农杆菌法，就是向自然界学习的结果。因为在自然条件下，农杆菌可以把自己的基因转移到植物中，并得到表达。

当今种植的绝大部分作物早已不是天然存在的野生种，而是经过千百年人工选育出的农作物品种，是人为驯化的结果。转基因技术是人类最新的育种技术之一，它不仅能实现种内基因转移，而且还能实现物种间的基因转移，是一种更准确的定向育种技术。